정재승의 인간탐구보고서 1
인간은 외모에 집착한다

人類探索研究小隊

為什麼我們那麼在意外表？

企畫 · 鄭在勝 정재승
文 · 鄭在恩 정재은 李高恩 이고은
圖 · 金現民 김현민
譯 · 林盈楹

目錄

加入「人類探險研究小隊」

帶孩子認識「智人腦的驚奇」

如果只能選一本書讓兒童和青少年閱讀的話，那麼我一定會選擇《關於我們的科學》。究竟我們人類為什麼會這樣子行動和思考，我認為必須要讓他們認識「心理的科學」。因為在我們的孩童時期，那些讓我們非常好奇和煩惱的事情，大部分都是源自於我和家人，朋友們，亦或是鄰居的內心狀態。

為什麼媽媽越是不讓我做的事，我就越想做呢？為什麼爸爸比較關心哥哥，我就會覺得嫉妒，甚至也變得討厭哥哥呢？為什麼每當要考試的時候，就變得更想看課外讀物，反而不想讀學校課本呢？為什麼有了喜歡的女同學，明明應該要對她好的，卻時不時就想捉弄她呢？

真的有好多好想知道的為什麼。

給孩童的心理科學

探究內心狀態的學問，也就是腦科學與心理學，給予了我們那些關於人類的思考、判斷和行為的最有趣的解釋。

　　過去的 150 年間，神經科學家們和心理學家們發表了相當多「人類大腦如何運作並影響心理」的研究。雖然學習外國語言，或複雜的數學公式，對於正就讀小學和中學的孩子來說也很重要，但讓孩子認識「心理科學」是最重要的一門學問之一。

　　科學家對於**我是誰**，以及**我們是什麼樣的存在，人類社會為什麼是如此運作等主題**，所發表的許多研究事實，必須要讓我們的孩子認識並了解。

　　因為那些是真正對我們有益的知識。

　　不過令人感到驚訝的是，在我們的國家，一直到高中畢業都沒有機會學習腦科學或是心理學。

　　在生物課時，頂多會大概介紹「我們的大腦是一種叫神經元的神經細胞透過突觸形成連結的巨大網絡（Network），神經元之間會互相傳遞電流信息，並形成驚人的作用。」除此之外，這個世界並不教育我們的孩子「大腦和心理」的相關知識。

　　我自己有三個女兒。如果說可以為了我就讀小學的女兒們出一本書的話，我認為必須要是「專為兒童與青少年設計的腦科學」這樣的書。於是就誕生了現在這本書，準備了足足有十年的這本書，在經歷了百般波折之後，終於撥雲見日，能夠以漂亮的面貌呈現給大家。但願這本書對於所有 10 多歲孩子，

不論是渾沌的孩童時期，還是承受許多煩惱而痛苦的叛逆期，都能成為他們「關於自己的親切指引說明書」。腦科學和心理學，會將孩子們引導向有益的徬徨與真摯的反省覺察。

陌生觀察人類的日常

這是一本透過外星人的角度來探索人類的精采故事書。

四個外星生物體：阿薩，芭芭，歐洛拉，還有羅胡德從埃吾蕾行星來到了地球。

他們在埃吾蕾星球上沒有辦法繼續生活了，為了尋找可以移居的其他星球，他們被派來觀察這些地球的統治者：人類。

他們要來看看，究竟是要擊退人類們並佔領地球呢，還是和人類們共存，一起在地球上生活呢？

對第一次見到智人的埃吾蕾外星人來說，人類的所有一舉一動都是有趣的觀察項目。

像是過分的執著在臉上那些大大小小聚集在一起的眼睛、鼻子、嘴巴的形狀這件事也很有趣；還有和自己相比，地球人的記憶力也很差。甚至對於會突然就發脾氣，無法好好抑制衝動的這些人類感到相當神奇。儘管如此，人類竟然還稱他們自己是「明智的動物（Homo Sapiens，智人）」。一點也不按照

常理行動的我們，在埃吾蕾外星人眼中應該只會覺得很愚蠢吧。不過隨著他們也漸漸了解我們，應該也會發覺我們人類的優點吧！值得期待。

在孩子打開這本書的第一頁，就會開始經歷用客觀的外星人視角來觀看人類的體驗。和阿薩和埃吾蕾探查隊一樣，在觀察人類之後，也要共同參與把「探索報告書」寄送回埃吾蕾行星的過程。透過這個過程，孩子會經驗到用陌生的眼光，觀看那些過去我們認為平凡且理所當然的日常。就好像我們觀察昆蟲也會寫下記錄日記一樣，觀察人類的日常生活，並寫下探索報告書，也會帶我們認識自己。

人類是可愛又驚奇的生命體

在閱讀過程之中，孩子才會真正「理解」我們人類。就和外星生命體羅胡德一樣，一開始認定「人類真是無法理解的奇怪動物」，後來卻也慢慢的理解了我們。雖然智人的記憶中樞完全不可靠，不久前才看過的事物也會忘記，但也是因為這樣，我們為了補救不可靠的記憶中樞，獲得了「判斷什麼才是一定要記住的事物，以及什麼才是珍貴的事物的能力」我們也因此領悟到，就是那樣的能力使我們成為了更美好的存在。

朋友買的衣服，我看了也想買。雖然肚子不餓，但一看見哥哥在吃東西，我也變得想吃。光是看妹妹哭，我的眼淚也跟著快掉下來了。我們人類是一種「奇妙的跟屁蟲」。

　　但我們也可以意識到，就是多虧了這一點，我們能夠和其他人的情感產生共鳴，並且一起克服傷痛，戰勝困苦的逆境。

　　就如同阿薩和埃吾蕾探查隊，我們的孩子也會透過一邊閱讀這本書，一邊領悟到人類存在的奧妙。這樣的方式，最後外星生命體埃吾蕾人們也會認同「人類是多麼值得被愛的存在」。人類雖然極度不合理又時常衝動行事，有時候甚至還很殘暴，但如果透徹認識人類內在的本質，便能領悟到我們智人是多麼可愛的存在。但願這些埃吾蕾星球的外星生命體們不要想統治我們，而是陷入我們人類的迷人魅力中就好了。最重要的是，人類的大腦作為一輛雙頭馬車，由理性和感性這兩匹馬率領前進，為了讓我們生活的世界變得更加美好，一直不斷的努力，我希望這些年輕的讀者能夠了解到，人類的大腦就是如此驚奇的器官。我們既擁有稱作科學的精密的顯微鏡，同時還擁有稱作藝術的豐盛的樂器，我們事實上就是這樣了不起的生命體。人類具有感性，同時也是理性的存在，我們能以豐富的感性創作出梵蒂岡西斯汀禮拜堂的「創世紀」那樣的壁畫，同

時也能以理性探究出宙誕生於 138 億年前的大爆炸。

一場充滿挑戰的人類森林探險！

　　在人類的真面目全部徹底的揭開前，阿薩和埃吾蕾探查隊的「人類探索報告書」會持續不斷的發送到埃吾蕾行星。直到外星生命體充分了解到智人的大腦所擁有的神奇能力，以及其可愛的魅力為止，報告書是絕對不會終止的。我們的孩子也會一起變得更加深入的認識人類吧？我誠心的期許孩童和青少年們，在外星生命體埃吾蕾人們寫下的「人類探索報告書」中，可以經驗到發現自我的驚奇過程。因為事實上，人類探索報告書並不是埃吾蕾行星的征服者為了要統治人類社會而寫的恐怖報告書，而是外星探險家在探索這個叫做人類的森林時，記錄下充滿挑戰的報告書。那麼，大家現在就和他們一起愉快的展開這場人類探險吧！

鄭在勝（KAIST 生物與腦工程學系教授）

組成埃吾蕾探查隊
發現宇宙
外星文明的證據

　　在包圍著地球所屬太陽系的太空宇宙中，只要通過麋那勒司蟲洞，就可以遇見太陽系外的銀河系。在眾多銀河系的某些行星上，新的文明正在誕生；而又有另一些行星上，早已發展了領先地球數千年的文明。

　　在距離地球數百光年之外的某個銀河系中，有一顆科學和醫學都很發達的行星。這顆星球上的成員們不會死亡，他們已經持續活了數千年。對活了數千年的他們來說，時間走得非常緩慢。就在某一天，需要改變的時刻到來了。從數百年前就開始不斷掉落到行星上的宇宙塵埃，數量越變越多，多到星球上的每一處都正在遭受破壞。現在星球上唯一可以居住的地方，就只剩下那些被行星人造保護膜遮蔽的區域了。這顆星球的名字就是「埃吾蕾」。

　　活在埃吾蕾行星上的人們，數百年來一直在研究移居其他行星的實行計畫。然而就連能夠自由往返黑洞和蟲洞的埃吾蕾人，目前也還沒有發現新的行星。過去雖然探查了好幾個行星，但大部分都不適合埃吾蕾人居住。有的行星太熱，有的行星太冷，有的行星上生活的生命體太蠻橫粗魯，有的行星上則是沒有水。要找到和埃吾蕾行星一樣，從很久以前就有空氣和水的行星，並沒有想像中的容易。一直到 2013 年那艘飛出太陽系的「航海家 1 號」通過麋那勒司蟲洞，到達埃吾蕾行星……

＊航海家1號：1977年美國NASA發射的一般無人太空探測船。在2013年脫離太陽系之後，現在仍持續航行向更遠，更加深邃的深層空間。這艘飛船上載著航海家金唱片，裡面包含了地球各式各樣的資訊、照片和聲音要傳遞給外星文明。

就說了吧，因為這些宇宙物質暴雨，沒辦法再生活下去了。

為了要阻擋和小行星的碰撞，也沒有別的辦法了。

外星文明到底在哪裡……

啊

呃！什麼東東啊？

喔，那裡…

*星際物質：散落在太空中的微小顆粒狀的物質

所以呢？

就是因為那個玩意。

沙沙

拿著它跟我過來。

哼…

羅胡德不會有事吧？

埃吾蕾行星
科學實驗室

那詭異的圓盤裡，有各式各樣的聲音。

你好。

Bonjour

Hello

你在幹嘛？

叭叭嘣 ♪♫

哐哐

我也不知道為什麼，聽了那個聲音，我的身體就想搖擺。

一扭 一扭

這是我找到它的第一現場！

所以現在探查那顆行星的權利在我手上對吧？

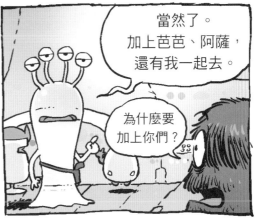

當然了。加上芭芭、阿薩，還有我一起去。

為什麼要加上你們？

19

我們可是埃吾蕾最
厲害科學家、數學家和
核心尖端設備技術員。
是探查外星行星
不可或缺的成員。

嗨。

哼。

還有，那艘太空船
是能夠通過龑那勒司
蟲洞的最後一艘
太空船。

什麼？最後一艘？
萬一我們在路上
發生事故了呢？
會有人來救我們嗎？

來，我們趕快
出發吧。

嗯？

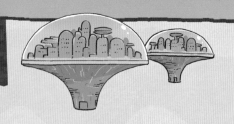

個子小、頭腦好的科學家，尤其是科學和數學領域的天才。視力雖然也不差，但聽力非常優異，連地球人喃喃自語都聽得見。因為出眾的外貌，從第一天開始就受到許多人的關注，還有他那比地球人還要卓越的科學和數學實力，讓他被大家稱作「天才少年」。雖然他對別人的事情不感興趣，卻常常會被捲進去。

阿薩

埃吾蕾行星的科學家。非常會操作高科技設備。負責埃吾蕾星球和其他外界星球的通信。因為一直以來都習慣坐在椅子上，所以對人類用兩隻腳走路這件事感到很不自在。因此他決定變成一個拄著拐杖的老爺爺，再怎麼樣，用三隻腳走路還是比起只有兩隻腳來得輕鬆。他可以透過從埃吾蕾星球帶來的 fMRI 眼鏡，解讀地球人的大腦活動。

芭芭

埃吾蕾行星的軍人。做事有計畫且目標導向。他會利用他的四個眼睛，仔細觀察星球上的每個角落，一有可疑的狀況就去調查。多虧他曾經接受過間諜訓練，潛伏在地球人中時，表現得非常自然。雖然對於要和地球人接觸感到極度反感，卻也拜他稜角分明的行動舉止所賜，得到了乾淨俐落又正經的形象。

歐洛拉

埃吾蕾行星的外星文明探險家。自從開始尋找要移居的外星星球之後，他就一直在保護層外部探險，研究外星文明。他是探查隊中，對地球人最感興趣，且最想靠近地球人的一個。他可以走很久，卻很難走得快。喜歡靜靜的坐著想事情。不過他非常討厭穿上人類外衣緊繃的感覺！

羅胡德

埃吾蕾星球的物品

哈拉哈拉

是埃吾蕾人帶來的外星物品。只要在想要的東西上掃描一下，就可以複製出一模一樣的東西出來。除此之外還有沒有其他的用途，仍是個未知數。

桑妮

小學五年級的無厘頭活潑女孩。覺得自己有義務要好好照顧隔壁新搬來的鄰居，上學也要一起同行。她只是單純想幫助鄰居，但周圍的人覺得她會這樣做是因為阿薩長得帥。

宥妮

國中二年級，對於減肥、外貌，還有流行都很感興趣。熱愛大眾流行文化。雖然夢想成為明星，但不知道為什麼，又覺得好像不可能會實現。所以她現在的夢想是成為所有韓國當紅偶像的經紀人。

金老闆

不動產經紀人。是威妮的老公，也是撿撿老奶奶的女婿。如俗話所說什麼鍋配什麼蓋，他認為每一間房子也都要配到真正合適的房客。隔壁房子也就是因為這樣，因此過了好幾個月都還找不到屋主。

威妮院長

威妮美髮院的主人。社區的任何一個小謠言都不會放過。具有敏銳的看人能力，就算是第一次見到的人，她（自認為）也能馬上就猜出那個人的職業。她在僱用新員工的時候，也非常重視對方第一眼給人的印象。

撿撿老奶奶

　　威妮院長的母親。她會走遍社區的每一個角落，把所有還有用處的東西都撿起來，並把它們好好的堆放在倉庫，這除了是她的興趣，也是她的工作。所以大家都叫她撿撿老奶奶。她相信人生經驗豐富的老人們的眼光。

盧伊

　　便利商店的工讀生。好幾次，事實上是非常多次找工作的面試都失敗了。他是一個相信有外星人潛入地球，並偷偷在地球上生活的陰謀論者。就在他對便利商店打工越來越厭倦的時候，他發現了可疑的人物。

鄭博士

　　鬼才科學家。幾乎每天晚上都會進去盧伊工作的便利商店買泡麵吃。人們總是搞不懂他到底在做什麼樣的研究。對工讀生盧伊來說，鄭博士說的話就像是外星人的語言。

變身成
地球人

地球人會穿衣服？

嗶嗶啵啵嗶嗶……

外星人實驗室裡響起了吵雜的警報聲。

巨大的電波望遠鏡接收到了強大的外星

信號，哇嗚信號。

「是真的，這次是真的！」大部分的研究

員都歡呼了起來。

非相關人員
禁止進入

這不只是
哇嗚信號。
而是哇哇哇哇
嗚信號！

你們看見了嗎？
地球人都長得
一模一樣。

看來變身應該很
容易。反正也區分
不出誰是誰。

用哈拉哈拉來做
地球人的基本裝扮吧！
一顆頭，兩隻手，
兩條腿⋯。

唧 唧 唧

啪

好像⋯⋯
要撐破了！

很好，我們就變身成那個地球人吧！

唧

呃呼，快不能呼吸了。

等一下⋯⋯怎麼不太一樣？

該不會是帶到瑕疵品吧？

請再準確的操作一次！

變身成那個地球人的樣子。要完全一模一樣！

　　因為包在身體上的異物質，變身成地球人比想像中還要不方便。阿薩連上通信網，查出了異物質的來歷。

　　「這個東西叫**衣服**。地球人會穿衣服來保護身體對抗炎熱或寒冷、遵守禮儀，還有展現個性。地球人一輩子都覺得光著身體很害羞。」

　　埃吾蕾人聽了阿薩的說明後感到很驚訝。特別是羅胡德，他整個身體被勒得緊緊的，因此感到很痛苦。

　　「地球人皮衣都已經很不方便了，還要再披上這個？」

不准脱！
在地球光著身體是
違法的。

是嗎？

知道了！

沙沙沙

嘶

沙沙

看起來都沒有人
起疑心，成功了。
現在開始進行任務。

我們收到了強大的
外星信號。
先別管是UFO，
還是外星人，
都追蹤看看吧！

沙—

沙—

喔？

喔……？

*分身：指和某個人長得一模一樣的人，在恐怖電影中經常出現這樣的
　　情節，只要有人遇見了和自己長得一模一樣的分身，最終都會死亡。

突然間，羅胡德想起了貝賽狄奧會長。

貝賽狄奧是外星文明探索俱樂部的第一屆會長。他是在埃吾蕾歷史上，第一個因為接觸了外星人而感染了來路不明的外星病毒的案例，不幸年紀輕輕，在 3021 歲就過世了。

羅胡德輕輕的撥開了外星生物的手臂。但這個叫做大哥的地球人還是死纏爛打黏在他身上。

「我們可愛的阿朴，要跟大哥一起分析哇嗚信號才行啊！快走，哈哈哈。」

　　羅胡德被拉進了一個房間，埃吾蕾探查隊則偷偷躲進對面的另一個房間。那是一間堆滿了陳舊文件和書籍的房間。

　　「這些文件都能在博物館陳列了。」

　　芭芭和阿薩看著這些文件，突然收獲了意外的情報。「外星人專訪」、「外星人米拉」、「被外星人綁架的人們」等等，這些都是記錄著地球人如何看待外星人的文書資料。

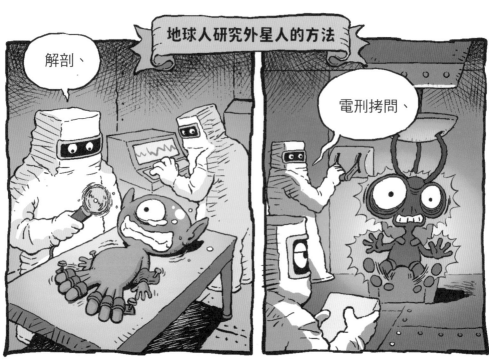

「地球人對外星人好奇真是非比尋常。」

阿薩翻開了「外星人 X-file」。

「如果人類抓到外星人，會把實體一一解剖分析。透過掃描，連細胞的深層都可以很輕易看到，好殘忍。」

「等等！這裡不就是外星人實驗室嗎？那麼他們會在……解剖我們……」

「現在就逃出去吧！」

埃吾蕾探查隊傳送了一個信號給羅胡德，然後悄悄的逃離了外星人實驗室。羅胡德也好不容易才避開那個叫做大哥的地球人視線，逃了出來。

埃吾蕾探查隊盡可能逃得遠遠的，離危險的實驗室越遠越好。

在這個陌生的外星星球上，埃吾蕾人能找到安全的地方嗎？

有了雙眼皮，
就變成不同人

地球人看得出外貌上的小差異？

真是，幹嘛那麼嚴肅！現在是計較那些數據的時候嗎？

科學家傳達情報，沒有所謂不適合的時候。

找到了。

就在這個地方建立我們的基地。

看起來很適合躲著觀察地球人。

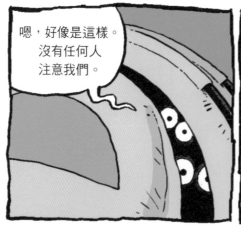

嗯，好像是這樣。沒有任何人注意我們。

呼

那我可以稍微把身體放大了嗎？

唪！

咦，這不是我們的帳篷呀？不過你們為什麼在公園裡要穿西裝？

叔叔，你們該不會是四胞胎吧？哇！

那個胖胖的叔叔也是你們四胞胎兄弟之一吧？

咻，埃吾蕾探查隊用迅雷不及掩耳的速度，趕緊把帳篷的四方都牢牢擋住。

　　都已經和地球人一樣穿了衣服，還用哈拉哈拉做了一個一模一樣的帳篷。可是為什麼地球人還是用神奇的眼光看埃吾蕾人呢？

　　阿薩把真正的地球人，和變身成地球人的他們自己，好好的比較並分析了一下。

分析結果
地球人雖然長得
很像，但衣服不一樣。

分析結果
埃吾蕾探查隊的衣服
都完全一模一樣。

地球人和我們的最大差別就是黑色衣服和黑色眼鏡。

就只是因為披在身體上的這個異物質？

而不是因為味道？

話說回來，這裡還真的沒有跟我們一樣穿這種衣服的人。

歐洛拉搜尋了地球人的數據資料後，選了四種看起來最不同的衣服。儘管如此，埃吾蕾探查隊這次還是引起了小小地球人的關注。

四胞胎叔叔真的太搞笑了。你們在玩時裝秀嗎？

咻，一溜煙衝進帳篷的埃吾蕾探查隊，分析了第二次變身失敗的原因。原因倒是很單純。

埃吾蕾人的外貌都長得不一樣。眼睛、鼻子和嘴巴的個數和位置各有不同。所以對埃吾蕾人來說，眼睛、鼻子和嘴巴的數量都一樣的地球人都長得差不多。地球人之間的外貌差異在埃吾蕾人看來，根本就跟宇宙塵埃一樣微小。

「你說我們都長一樣？要不要乾脆直接讓你看看我真正的樣子？」

當然不可能那樣做。為了不要被地球人注意到，埃吾蕾人也只能更仔細密切的觀察地球人了。

地球人會透過眼睛、鼻子和嘴巴的大小和形狀，眼皮有幾條紋路，臉部肌膚上的斑點等，這些顯現在臉部上，極小的差異來區分他人。

搜尋了好長一段時間，最後埃吾蕾人變身成了一個家庭。這是地球上最常見的團體，最常見的打扮，就算四個人都同時聚在一起，也不會引起他人注意的：芭芭老爺爺，歐洛拉媽媽，阿薩小朋友，還有羅胡德……人呢？

小小地球人看到從帳篷裡出來的一家人，一窩蜂的聚集了過來。

「哇，這裡面有幾個人啊？」

「我以為跟我們的帳篷是一樣的，但裡面好像非常大！」

「可以進去參觀嗎？」

一擁而上

「他說不行。」

小小地球人聽到羅胡德的話，都嘻嘻的笑了。

「原來叔叔也會害怕阿姨呀？我爸爸也會害怕我媽媽，大人好像都差不多。」

「真的嗎？差不多嗎？我跟你爸爸？」

如果跟地球人爸爸都差不多的話，那我就不需要特意變身啦？

正好這時，從遠處飛來了一張紙。

完美變身成地球人爸爸的羅胡德，悠閒的欣賞了太
陽西下的景色。地球的白天和埃吾蕾的暗灰色天空不
同，地球的天空是藍色的。不過地球的夜晚和埃吾蕾一
樣，都是黑壓壓的。此時羅胡德因為想起了故鄉而鼻酸
了起來。

就在那瞬間，原本在公園巡邏的金巡警突然睜大了
眼睛。

「 好眼熟啊，好像在哪裡看過他？等等，沒錯，
就是他！他就是九個月以來都沒抓到的通緝犯小醜！」

金巡警有生以來第一次實際親眼看到通緝犯。他雖
然很想要勇敢的上前逮捕罪犯，成為一位優秀的警察，
但他還是有點怕怕的。不管怎樣，不能就這樣退縮。金
巡警醞釀了丹田的力氣，然後大聲的喊了出來。

「通緝犯小醜，我要逮捕你。」

羅胡德雖然無法理解這個突然出現的地球人說的話，但他本能的感覺到了危險。

羅胡德猛然起身跑了起來，地球人追了上去。羅胡德全速衝刺，但是在埃吾蕾星跑得慢的兩隻腳，並不會因為來到了地球就忽然間變快。

結果羅胡德還是被地球人抓住了。

「你這下玩完了！聽說你做了很多壞事嘛？」

地球人死抓住羅胡德不放，讓羅胡德無法動彈。

「不是的，我什麼事都還沒有做。」

羅胡德雖然掙扎了，但徒勞無功。

「所長，我抓到了。我抓到通緝犯小醜了。」

金巡警把羅胡德亮在前面，得意洋洋的大喊著。派
出所的員警全都嚇了一跳。

所長指著這個被關在拘留所內的胖嘟嘟男人說：

「不對啊，可是小醜已經被我抓了啊！」

「誰才是真正的小醜呢？」

警察都被搞混了。

所長拿著通緝犯的照片向兩個人走近。在這危機時刻，羅胡德想起了阿薩的分析結果。

「地球人會區分外貌，特別是臉上的細小差異。」

於是，羅胡德把一邊的眼睛擠出了深深的雙眼皮。

「不是嘛，真正的小醜是一臉兇狠的長相，這位先生的長相不是很滑稽嗎？金巡警，趕快跟那位善良的市民道歉。」

果真如此，所長看出了羅胡德臉上的小差異。

夜深了。在宇宙公園的一個偏僻角落的長椅旁邊，埃吾蕾探查隊聚集在一個暫時當作臨時本部的帳篷裡。

歐洛拉問：

「誰來寫地球第一天的報告書？」

「我來寫。」

來到地球的第一天就遍體鱗傷的羅胡德，竟然自願寫報告書。

只是羅胡德的第一份報告書帶給了埃吾蕾行星很大的衝擊。

變身地球人的第一天
注意所有微小的外型差異

 地球2019年5月6日　　埃吾蕾7385年17月46日／撰寫人：歐洛拉

**地球
事件
概要**

* 第一次變身為地球人，整體來說還算是成功。衣服很緊，相當不舒服。之後可能要利用聚合彈力棉材質再製作一次衣服。
* 在地球人的電波天文台，有一個外星人實驗室，雖然跟我們星球的科學實驗室相比，水準並不高，但裡面好像聚集了許多聰明的地球人。我們確實也受到了地球外星人追蹤隊的威脅，未來要再小心注意。
* 探查隊成功的在有很多地球人的公園裡建立了第一個基地。並且透過地球小孩的幫忙，成功變身成了更貼近地球人的模樣，之後也要好好利用地球小孩才行。
* 對於探查隊的行動宗旨不熟悉的羅胡德，需要給他一個警告。希望能在埃吾蕾行星給予處置。羅胡德一直引起地球人的關注，結果最後還是被叫做「警察官」的地球警衛隊逮走了。未來的日子很令人擔心。

地球人會一家人居住在一起

- 我們在實驗室變身成的地球人模樣，在公園裡顯得很醒目，特別是地球小孩對我們的外貌非常好奇。
- 我們針對公園裡的其他地球人所觀察出的結果，地球人似乎主要由共享基因的父母和子女組成一個家庭，並在同一棟房子內生活。每個家庭平均為 2.92 人。53.4 % 的家庭擁有 1 ～ 2 名成員，46.6%的家庭擁有 3 名以上的家族成員（參考臺灣行政院 2019 年人口普查統計資料）。由四個成員組成的探查隊，如果想不引起他人注意的話，好像必須要模仿地球人的普通家庭，並好好分配每一個家族成員角色。
- 在臺灣這個地方，2018 年的一整年間，誕生了 181,601 名被稱作智人的地球人。出生人口數字正在急劇下降，可以推斷不久後人口可能會變少。
- 他們的預期壽命僅只有 83 歲。如果地球的醫學和埃吾蕾行星的水準一樣

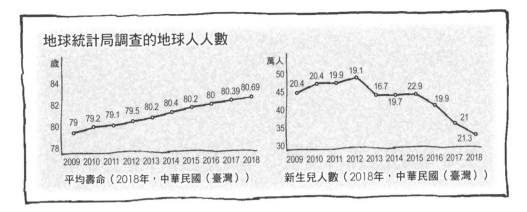

地球統計局調查的地球人人數

歲 | 平均壽命（2018年，中華民國（臺灣））

79　79.2　79.1　79.5　80.2　80.4　80.2　80　80.39　80.69

2009 2010 2011 2012 2013 2014 2015 2016 2017 2018

萬人 | 新生兒人數（2018年，中華民國（臺灣））

20.4　20.4　19.9　19.1　16.7　19.7　22.9　19.9　21　21.3

2009 2010 2011 2012 2013 2014 2015 2016 2017 2018

發達的話，估計地球的人口可以提高 38 倍以上。幸好地球的科學和醫學都還沒有很發達，這對我們來說是件好事。

地球人會辨別外貌上的細小差異

- 關於地球人的身高，成人的情況大部分落在 150 ～ 190 公分之間。體重集中在 40 ～ 100 公斤之間。變異差異的情況比想像中少。有可能是因為地球擁有固定的重力，且環境變化不大的緣故。

- 男性平均比起女性身高較高一些，體重也較重。身體形態的構造是以軀幹作為身體的中心，上面還附了頭、兩隻手臂和兩雙腿。頭上還有毛髮，每個人臉上共同都有兩個眼睛、一個鼻子、一個嘴巴和兩個耳朵。和埃吾蕾人相比，地球人的臉部外貌並沒有什麼太大的變化。

- 即便是那樣，地球人並沒有認不出彼此的困擾。他們似乎不只可以透過眼睛、鼻子和嘴巴的大小、形狀及位置，還有眼皮的皺摺層數、皮膚上的黑點等，這些細小的差異來辨別彼此。甚至還能用這樣微小差異，開發出「人臉辨識」技術，把臉靠近包含了所有個人資料的智慧型手機，它就會自動辨識是否為本人。

地球人的人臉辨識技術

利用相機拍攝鏡頭，投射在臉上 3 萬個以上的點（dot）後製作出臉部輪廓地圖，並測量出臉部線條起伏的深淺來區別人臉。

©sp3n/shutterstock

對於地球人來說，視覺功能如何運作？

- 位於頭部裡面的「大腦似乎是地球人最重要的訊息處理器官，地球人主要透過大腦來接收並處理訊息。大腦是由堅固的頭骨包覆的大量細胞。重量 1.4 公斤，體積 1300～1500 立方公分。它似乎負責地球人的運動、感官訊息處理、語言和學習等。

- 我們觀察到地球人會運用視覺、聽覺、觸覺、嗅覺和味覺，這五種感官來判斷物體。他們似乎不像埃吾蕾人一樣，可以認知到每個生物體本身獨有的波長。因此可以斷定地球人在見到對方時，非常依賴第一個感覺到的視覺刺激。

- 我們了解地球人的大腦活動。因此我們認為今後可以說明地球人的大腦活動是如何創造出行為的。地球人會將眼睛接收到的訊息傳送到「大腦的枕葉」，並在那個位置處理資訊。與此同時，大腦兩側耳朵旁邊的「顳葉」也會一起運作，尤其這個區域還包含了一個專門識別「臉部」的區域。當一個地球人遇到另一個地球人時，會最先透過看臉來做判斷的這個特性，似乎和這一塊大腦區域的信息處理作用有關。

- 地球人甚至還會在他們周邊的事物中，尋找和「地球人的臉」相似的樣子。他們也會在不同形狀的雲朵中看到人的臉。這是個讓人難以理解的奇怪行為。在我們看來，有可能是因為地球人在生存上需要區分朋友和敵人，必須藉由解讀他人的臉上的表情來掌握對方對自己是否懷有敵意，並了解他人的意圖。

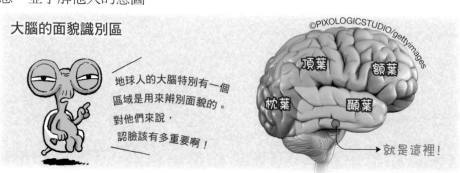

大腦的面貌識別區

©PIXOLOGICSTUDIO/gettyimages

地球人的大腦特別有一個區域是用來辨別面貌的。對他們來說，認臉該有多重要啊！

頂葉　額葉　枕葉　顳葉

→ 就是這裡！

3

容易找到房子
住的外貌

地球人會因為外貌做出差別待遇？

來到地球第一天的夜幕降臨了。羅胡德為了不要被地球人警察抓走，又換了一個全新樣貌。這次的外型稍微更肉乎乎一點。羅胡德依然憋得受不了，他恨不得馬上把這身地球人套裝脫下來扔掉。

　　「我不能脫掉這個嗎？現在又沒有地球人在。」

　　原本吵鬧的地球人都消失不見了。但因為不知道會不會突然間又從某個地方冒出來，還是沒辦法安心。一直持續警戒著的歐洛拉，覺得有件事好奇怪。

　　「三更半夜在公園逗留，是不是不像地球人的行為？」

　　歐洛拉和阿薩坐在長椅上，並連接上包含地球所有情報的網際網路。

　　「地球人都回去家裡了。公園的帳篷不是地球人的家，而是為了玩耍或是休息時設立的一種臨時住處。」

　　「如果是那樣的話，我們也應該來找個房子。」

滴答滴答，黑暗的天空突然開始落下水滴。

「危險！」

埃吾蕾人避開這些成分不明的水滴，迅速的進到帳篷。他們小心翼翼的分析了水滴的成分內容。

「地球沒有保護膜嗎？」

水滴的來源是雨水。水占了整個地球的70％。

裡面沒有有毒的成分嗎？

裡面含有極微量的地球大氣成分和宇宙成分。由於是弱酸性的，所以不會造成太大的危害。

在埃吾蕾星球上從來沒有下過雨。雖然一天到晚宇宙都會掉落受損的宇宙物質，但堅固且透明的保護膜，完美的保護了整顆星球。

不過地球竟然是一個連一滴雨都擋不了的系統。埃吾蕾人能夠移居到這樣的星球上並在此生活嗎？

這時候，阿薩找到了新的情報。

「地球也有保護膜：大氣層。多虧有大氣層，地球是唯一一個太陽系中有生命體存在的行星。」

「但為什麼擋不住雨呢？」

羅胡德感到很困惑。

地球的大氣層會吸收來自太陽的有害紫外線，並且將太陽能平均的散布在地球上，還能把落向地球的隕石焚毀。白天時大氣層會吸收從地球散發的熱氣，晚上則會為地球保溫，防止地球結冰。

「雨是在大氣層下方產生的現象。因為有大氣層，水不會蒸發，而是轉變成雨水。像這種在大氣層以下發生的現象，地球人要自己想辦法去避免。」

雨下得越來越大。埃吾蕾人聽著這些偌大的雨滴打在帳篷上的聲音，熬了一整夜。

隨著天越來越亮，雨也漸漸停了。空氣清澈又透明，陽光很溫暖。歐洛拉擰一擰溼答答的衣服，羅胡德甩了甩完全溼透了的毛髮，芭芭用哈拉哈拉把已經變得破破爛爛的臨時本部解體成原子狀，然後消滅掉。地球上的任何一處都不能留下埃吾蕾人的痕跡。

「很好。趕快開始我們的任務吧！」

不過就在公園露宿了一個晚上，埃吾蕾人就成了淒

慘又邋遢的樣子。又髒又皺的衣服、亂蓬蓬的頭髮，甚至還散發著一股霉味……出門上班途中、乾淨的地球人，走在路上不斷偷偷閃避這幾個又髒又有霉味的埃吾蕾人。

而埃吾蕾人完全沒有察覺出異樣，毫無自覺的走在街上。

現在首先要做的第一件事，就是找到一個讓埃吾蕾人可以用真實的樣貌休息的房子。在地球上，地球局和情報局並不會提供房子。據說要透過一個叫做不動產仲介所的地方，付錢給他們，然後再找自己喜歡的房子。

「錢？我們沒錢啊！」

心急如焚的羅胡德慌張了起來。

「我們雖然沒錢，但我們有哈拉哈拉。」

埃吾蕾人走進一個不起眼的小巷子裡。然後盡可能的製造出大量的錢。因為他們不知道到底會需要多少錢才能買房子。

埃吾蕾人把用哈拉哈拉製作出來的錢，放進用哈拉哈拉製作出來的兩個包包裡。準備就緒！歐洛拉和羅胡德一人拎著一個包包，並打開了就在他們正前方的「大發不動產」的大門。

喔

我需要房子。

闖入

啊？房子，要什麼樣的房子……？

嚇我一大跳。這人看起來就一副沒錢的樣子，到底是需要什麼房子？

從外部絕對沒辦法看見裡面的房子，擋得密不透風的房子。

啊？最近沒有擋得密不透風的房子……

該不會是可疑的罪犯？

不行！我不能被任何人看見。

河東

獅吼

　　找房子的任務很不容易，埃吾蕾探查隊失敗了整整
三次。地球人為什麼不交出房子呢？難道要得到房子，
還有什麼特別的程序嗎？當埃吾蕾人正陷入苦惱的時
候，剛好看見了前來買房子的地球人。

　　「您真是買到了很好的房子啊，這可是個福氣旺旺
來的好房子。」

　　那個不動產仲介所的男人，對買了房子的地球人親
切的招呼問候。

　　「那些買了房子的地球人，和買不到房子的我們，
有什麼不同嗎？」

　　歐洛拉比較了一下地球人和他們自己的樣子。

實在是找不出差別。

「我真的不知道有什麼不一樣，不如我們變身成那些買了房子的地球人吧！　」

羅胡德誓死反對。現在都已經因為這身裝扮憋到快發瘋的地步，如果再變身成像他們一樣⋯⋯

「不行！他們的體型太纖細了。變身成他們的話，我會因無法呼吸而窒息死亡的。」

歐洛拉真的很想把這囉哩八嗦的隊員當場送走。

不過因為沒有太空船⋯⋯

「那不然先只換掉衣服就好。地球人對於外表的微小變化都可以覺察到，這樣做說不定會有效果。」

歡迎光……

咦？跟剛剛的客人穿著完全一模一樣的衣服，難道是流行嗎？

我需要房子！

請問您需要什麼樣的房子呢？

是要商住混合呢？還是要有庭院的寬敞住宅呢？還是聯排式住宅？

不過是換了一套衣服，服務態度變得好不一樣啊！

該不會是看衣服來做差別待遇吧？

擋得密不透風，任何人都無法看見裡面的房子。

啊，看來您相當重視生活隱私啊！

？

那樣的話，商住混合式大樓再適合不過了。哈哈哈。

？

就是這裡。

只要把窗簾拉上，不會有任何人知道房子裡面有人。

哦！

好耶。我們要住這裡。

噗

通

倒地

請先跟我們去填寫合約書，然後再來決定搬進來的日期吧！

原來如此，要再回去剛剛那個地方。

您真是做對選擇了。到處跑來跑去看房子，最後會發現根本沒什麼用。像這樣的好房子……

叮

咻——

快逃離這裡吧！

危險的第六感！

突然出現了穿黑色西裝，戴黑色墨鏡的地球男人。用地球時間計算的話，是埃吾蕾人一天前在實驗室見到的外星人追蹤者，竟然追來了！為了甩開追蹤者，埃吾蕾人開始狂奔。被抓住的話，探查地球的這項重大任務就失敗了。他們手中可是掌握了埃吾蕾行星的最後機會。但比起那些，此刻大家的生命安全正面臨威脅。

　　金老闆也跟著跑了起來。雖然不知道那些人為什麼要突然狂奔，但不能就這樣錯失合約。

　　像這樣直接拎著大把現金鈔票來簽約的客人，可不是每天都有的。

氣喘吁吁的追在客人身後的金老闆，最後還是癱坐在路上。

「呼，管他什麼合約，這樣跑下去我都要先沒命了。你們要是再來找我，我也不會賣給你們，一群奇怪的人，真是的。」

金老闆拖著疲憊沈重的腳步回到了辦公室。

金老闆雖然感到驚慌失措，還是努力擠出了微笑。

「你長得人模人樣的，但還真是個奇怪的孩子。講話口氣沒大沒小的，用字遣詞也好奇怪……你是從國外回來的嗎？」

這時，奇怪孩子的媽媽直截了當的開口說了。

「我們討厭那間房子。絕對不行，我們不去。」

「啊哈！看來你們討厭公寓大樓啊，還是你們要找親近大自然的房子呢？也是啦，公寓大樓或多或少還是沒辦法保障生活隱私。像火柴盒一樣密密麻麻的緊貼在一起，甚至在電梯裡也有可能遇到隔壁房的住戶。既然如此……」

金老闆想起了一個正好適合這奇怪家庭的房子。

一個有著小院子的獨立住宅。因為房子的圍牆被高大的樹木包圍，根本看不到屋內。 只不過，這間房子可能稍微有一點，應該說相當老舊了，所以幾個月以來一直都沒賣出去，這間房子也算是金老闆的棘手難題。

雖然外表看起來這樣，但裡面相當不錯。

　　那天晚上。住在那間房子和隔壁房子的生命體都很幸福。金老闆因為賣掉了長久以來都賣不出去的老舊房子，感到非常的心滿意足。

　　埃吾蕾探查隊在連一件家具、一條棉被也沒有的房間裡，舒服自在的躺了下來。這是一個和不會歧視他人外表的蟑螂、蠼螋、灶馬蟋蟀還有螞蟻們，共享的和睦夜晚。

報告書 2

尋求地球居住地

🌏 地球2019年5月7日　🔔 埃吾蕾7385年17月51日／撰寫人：芭芭

地球事件概要

* 不過才一個晚上，在地球上建立的第一個居住地就倒塌了。原因是在地球保護膜（大氣層）下方產生的「降雨現象」。我們需要一個全新的居住地。

* 我們決定在地球人主要的居住區域設立新的基地，於是拜訪了地球人買賣居住地的地方「不動產仲介所」。

* 得知消息說找居住地的話會需要「錢」。我們在不動產仲介所被趕出來了三次。認識到了買房子除了錢之外，還需要很多其他條件。地球人在移動居住地這件事情上，非常的複雜又囉嗦。

在地球上買房子的方法

● 如果要在地球上買房子，要去不動產仲介所找不動產經紀人。這時地球人會透過外表來快速判斷對方能不能買得起房子。因此要穿貴的衣服去，才能得到親切服務。

● 衣服和財產並不會成正比，但是光用衣著打扮來判斷別人能力的地球人很難理解這一點。買房子時必須具備的兩樣東西：錢和衣著打扮（如果

第一次抵達地球的埃吾蕾人一定要穿右圖的衣服

找房子會失敗的衣服　　　　找房子會成功的衣服

有鑽戒或是金手鐲應該會有幫助）。

- 但這一次的第一間房子還是失敗了！我們認為應該是我們的行動被外星人追蹤隊發現。下一間房子決定更慎重的挑選，盡可能的掩藏我們的行蹤動線，並再一次回到不動產仲介所。

- 幸好我們的腳程比地球人快，就連感受到恐懼的羅胡德也用盡了全力奔跑。好險都沒有摔倒。

購入地球基地

- 成功找到不會引起其他地球人注意的居住地。是一間有很多樹木的兩層樓房子。希望房子周圍的這些高大樹木可以完全遮掩我們的原形面貌。由於地球人能夠看見的光波有限，他們的肉眼沒有穿透牆壁或是樹木的能力。真是太好了。

- 只有一樓有能夠進出的大門，所以二樓看起來是安全的。房子裡存在著各式各樣的生命體（細菌、黴菌和昆蟲等）。除了地球人以外，現在還多了其他的生命體可以觀察，真是一件好事。

- 金老闆卻因為那些生物感到很抱歉，我們買下房子後還遲遲不離開。知道了我們很喜歡那些生物後，他才鬆了一口氣。那些地球上的小小生物，預計不會因為和我們一起共同使用一個房子，而要求我們付錢。

埃吾蕾探查隊的
地球基地 1 號

二樓比一樓
安全。

高大的樹木為
我們遮擋外部
的視線。

可以透過這個
地方來監視外
面的地球人。

地球人都利用
一樓的門進出。

對於地球人來說，錢是什麼？

- 地球人似乎認為可以透過外表得知很多的訊息。因此為了潛入地球人之中，必須要謹慎的挑選外表，尤其他們特別喜歡看起來很有錢的外表。好像是因為他們認為有錢的人就是成功的人。也許是因為地球人生活中所需要的東西，都要給錢才能夠購買。他們似乎無法了解到，真正珍貴的東西是用錢也買不到的，真是愚笨。

- 因為地球行星不會提供給地球人任何東西，所以地球人大部分都必須靠自己想辦法去得到需要的東西。肚子餓了就要買食物吃，需要居住地的話就要買或租房子。為了要遮住身體還要買衣服。要解決這所有的事情，需要的就是錢。我們判斷他們透過勞動來賺取錢。

- 呼吸所需要的空氣在地球是免費的。這才是真正寶貴的東西！因為是不用錢的，地球人就不懂得空氣的珍貴，還隨意的蹧蹋。水在地球上原本也是免費的，但現在好像需要花錢才能購買乾淨的水。

- 地球人會把地球所有的事物，甚至連像土地和水果這樣的自然資源，也都會標上價值，用錢和數字來計算。也因為這樣，認為錢就是最有價值的「物質至上主義」的觀念很強烈。對我們來說這是值得高興的事。因為只要有哈拉哈拉，不管需要多少錢都可以變得出來。來地球的時候，絕對不可以忘記帶哈拉哈拉！

4

初次見面的第一
印象很重要

地球人認為外貌和能力息息相關？

嗚

隔天早晨，被外面嗡嗡叫的聲音嚇到的埃吾蕾人，一下子全都爬了起來。

　　他們探出頭偷偷的看向窗外，發現金老闆就站在院子裡。一邊用鋒利的道具喀嚓喀嚓的剪掉那些守護著埃吾蕾探查隊生活隱私的樹枝。

　　「那個地球人入侵了我們的房子。」

　　「他該不會是外星人追蹤者？」

　　埃吾蕾人趕緊穿上地球人套裝。就在他們正要衝出去外面的那瞬間，門發出了叩叩的聲響，同時一下子被打開了。

　　「誰？」

　　歐洛拉拿著哈拉哈拉大喊。一出現什麼不妙的情況的話，就消滅掉一切。

　　「唉呦，嚇一跳。因為門沒有上鎖……大家都起床啦？我是撿撿老奶奶，就住在隔壁。金老闆就是我的女婿啦！」

　　看起來是個上了年紀大又沒什麼力氣的女性地球人。應該是沒有必要馬上就消滅她。歐洛拉並沒有因此降低警戒心，歐洛拉開口問了她。

　　「你入侵我們本部的理由？」

　　「本部？入侵？還真是一群搞笑的傢伙。」

撿撿老奶奶進到房子裡面坐了下來。

「哎唷，睡覺都不鎖門的呀？要是小偷闖進來怎麼辦。反正還沒搬行李進來，根本也沒有什麼可以偷。」

這不是沒得到允許就侵入別人房子的撿撿老奶奶需要操心的事。

「房子裡面空蕩蕩的，今天才會把行李送進來嗎？要幫忙嗎？」

撿撿老奶奶和金老闆這突如其來的登場，讓埃吾蕾探查隊陷入了混亂。阿薩搜尋了地球人的鄰居文化。「地球人偶爾會去拜訪鄰居家」如果是這樣的話，探查隊的地球本部也不是百分之百的安全。不只埃吾蕾人需要地球人套裝了，連地球本部也需要。

探查隊祕密本部一下子就完成了。接下來是一樓，要依照地球的方式來裝飾房子。阿薩找了在地球上最普通的室內裝潢相關資料。

　　「客廳的正中央擺沙發，沙發的對面放電視機。在有小孩子的家裡面，還會在電視機旁邊放一個大書櫃，還有窗邊會擺一個大大的花盆……」

　　芭芭為了要做一個電視機，操作了哈拉哈拉。這時候哈拉哈拉突然啪啪啪閃了警示光，芭芭趕快先關掉了哈拉哈拉。

　　「有些地球物件好像很難製作出來。怎麼辦？」

　　「做錢吧，然後再拿錢去買地球的物品就行了。」

　　羅胡德第一次提出了有參考價值的點子。

　　「羅胡德好聰明，像地球人一樣。」

　　「對一個外星文明探險家而言，這是最基本的。」

　　埃吾蕾探查隊把哈拉哈拉也一起放進了裝錢的包包，並帶著包包出門了。這樣萬一需要更多錢的時候，就可以馬上製作。

埃吾蕾探查隊逛了家具店、電子產品商店和超市等，買了需要的東西。在埃吾蕾行星上如果有需要的物品，只要透過申請，中央就會提供。這一點和地球很不一樣，像這樣付錢買東西的地球，還蠻好玩的。

那個是必要的嗎？

那個玩意又不會飛。

速度也不快。

跟走路比起來，車子更快也更舒適。地球人連去很近的地方都會開車去。你們去外面看看。就會知道路上車子有多麼多。

叭 叭 噗 嗡 嗡

味道很難聞。

太大了。也沒有地方能停放。

被懷疑是外星人難道也無所謂嗎？

在地球和在埃吾蕾很不一樣，在地球走路很累。

埃吾蕾探查隊陷入了絕望。找不到哈拉哈拉的話，就沒辦法製作需要的東西。管他什麼人類探險研究，全都搞砸了。歐洛拉確認了情況。

「現在可能的方法有什麼？」

「和埃吾蕾行星通訊連結。但是現在沒有哈拉哈拉，萬一一不小心故障的話，就很難恢復了。」

「還是先把現在的狀況通報到埃吾蕾吧！叫他們盡可能快一點來接我們。」

「我們目前剩下的就只有地球人套裝了。人類版的有四套，動物版一套。還好當時也做了動物版套裝。」

「現在到底怎麼辦？又沒辦法像真正的地球人一樣生活。」

羅胡德的話是正確的。埃吾蕾探查隊的任務就是要偽裝成地球人，並且和地球人過一樣的生活，同時探查地球。要像真正的地球人一樣生活的話，不依靠哈拉哈拉才是對的。

「要在地球上生活的話需要錢。想得到錢的話就必須要工作。」

探查隊為了找工作來到了路上。在路上徘徊了好幾個小時之後，最後還是以失敗收場回到了家裡。

「你們出門去哪裡啊？」

撿撿老奶奶正好經過，並問了他們。羅胡德用了沮喪的聲音回答：

「必須要找工作。我們需要錢。」

「但你們沒找到工作吧？」

撿撿老奶奶旁邊站了一個小孩地球人，她聲音宏亮的問了他們。

歐洛拉嚇了一大跳並反問她。

「你怎麼知道的？」

「一看你們的臉就知道啦！」

「原來地球人會從臉上得到非常多資訊。雖然並非每次都是正確的，但不管怎樣，這次說對了。」

小孩地球人向著轉過身的埃吾蕾人大喊：

「我是桑妮，五年級。他是幾年級？」

　　埃吾蕾人驚訝的轉過頭來。這是完全出乎他們意料之外的問題，幸好阿薩機靈的回答了桑妮。

　　「跟妳同年級。」

　　「哇，很高興認識你！我的朋友。」

　　桑妮用力握住阿薩的手搖來搖去，然後又興高采烈的說：

　　「我知道一個工作。我媽媽的美髮院正在找人手，就在這前面。你們去試看看吧！我去阿姨家陪他玩，等你們回來。」

　　桑妮用力推了歐洛拉和羅胡德，然後拉著阿薩的手走進了埃吾蕾人的家裡。真是幸好，為了地球人的拜訪，小隊已經事前幫房子做好了準備。

歡迎
光臨——

威妮美髮院

我找到人手了。
這是隔壁新搬來的
歐洛拉和羅胡德。
他們說在找工作。

這裡是
做什麼
的地方？

這裡是
美髮院……啊，
你問的是進來要
做什麼工作嗎？

我幫客人用
頭髮時，在旁邊
幫忙我就行了。

用頭髮？
我頭上的毛髮
也很多。你看。

是，髮量很多呢！
好像也到了該整理
頭髮的時候了……

怎麼樣？你想在這裡
工作嗎？你看起來蠻有
品味的，正是合我意的
人選呢……

我？

也很合我的意。
我要在這裡
工作。

大叔您不行。
我剛剛的邀請是
對歐洛拉說的。

叫羅胡德做吧，
反正我們當中隨便
一個人出來工作
就行。

為什麼？
我為什麼
不行？

因為歐洛拉
看起來
更能幹。

妳用看的怎麼
能知道？

我當然一眼就知道。
這個工作做久了，
光是看一個人的外表，
我就能猜得出他的
能力、職業和個性。

歐洛拉正好就是適合美
髮院的人才。除了樣子
就是客人喜歡的長相，
看起來也很靈巧，
手藝應該很不錯。

現在埃吾蕾人也都了解，地球人大概會透過外表來判斷多少資訊。但光是透過外表就能知道一個人的能力？真是難以相信。特別是對因為外表而錯失工作機會的羅胡德來說，更是難以接受。

「我無法相信威妮院長的話。」

威妮院長突然走到美容院外面去。

「妳錯了。他可是聰明的外星人科學家。」

威妮院長說光是看人的臉，就可以知道他的能力、
職業和個性是錯誤的。羅胡德於是理直氣壯的對威妮院
長提出了要求。

「直接看看我和歐洛拉的能力後再做決定吧！」

結果，就這樣展開了沒頭沒腦的美髮助理對決。

美髮助理對決的獲勝者是羅胡德。

即便如此，威妮院長還是不想讓長得像大棕熊的男人，當她的美髮助理。雖然高傲但很有自己的風格的歐洛拉，好像更能為美髮院加分。但彼此作為隔壁鄰居，就這樣無情拒絕羅胡德的話也很尷尬。

「您……很會做事呢！」

「是吧？我也有比歐洛拉擅長的事吧？哈哈哈。」

羅胡德開心得蹦蹦跳跳，結果就這樣撞上了置物推車。轟隆一聲，置物推車倒下，美髮器具飛散到四面八方。羅胡德為了撿起那些掉落的東西，一不小心又推倒了其他的架子。

「哎喲喂，羅胡德的力氣太大了，這樣子不行。美髮助理果然還是歐洛拉更適合。如果不要就算了。」

於是歐洛拉就進了美髮院工作，就像真正的地球人一樣擁有自己的職業。但是歐洛拉很不滿意這份美髮助理工作，因為需要和地球人有很多直接接觸。

「那正是真正典型地球人的特點。很多的地球人都不喜歡自己的工作。」

阿薩告訴了大家新的資訊。

地球人的大腦構造
和居住地分析

 地球2019年5月8日　　埃吾蕾7385年17月56日／撰寫人：羅胡德

地球
事件
概要

* 來到地球才第三個地球天就遺失了哈拉哈拉。幸好我們已經買好大部分需要的東西，像是可以在地球人套裝上再做出簡單變化的零件，還有把居住地裝飾成地球人風格時所需要的物品。不過為了將來的生活，還是必須要賺錢。

* 要偽裝成地球人，擁有一份職業也是不可或缺的。因為聽到威妮美髮院在徵求人手的消息，我們就去試看看，但威妮院長只看外貌，並且一心只想僱用歐洛拉。就算我證明給她看我能夠做得更好，結果也還是一樣。究竟對地球人來說，外貌到底是什麼樣的意義呢？地球人真的好難懂。

地球人會透過一個人的外表來判斷他的能力

● 雖然之前就已經提過了，但再說一次，地球人似乎真的完全是以視覺官能作為中心思考判斷。尤其非常重視臉的長相。地球人如果遇到自己認為外貌長得好看的對象的話，大腦的報償系統會受到刺激，並且分泌像是多巴胺或是血清素，這些會使人心情愉悅的神經傳導物質。

● 分泌的多巴胺會傳到愉悅核心的依伏神經核、負責記憶的海馬迴和掌管情感的杏仁核，讓那些刺激多巴胺分泌的事件，能夠透過感受情感並記住。像這樣報償系統如果活躍起來的話，也會變得容易相信他人若擁有美好的外表，能力相對也會很好的判斷。非常的天真。

● 根據實際地球人自己的研究看來，外表出眾的人通常可以得到更多發揮能力的機會。似乎也因為這樣就得出了「外表越受到他人的喜愛，能力就越好」的結論。也能因此推斷地球人受到了周圍人們話語的影響，而變得在意外表。得到像是「長得就是很會讀書的樣子」或是「看起來能力很好」這樣積極正向評論的人，很有可能為了真正成為他人口中所說

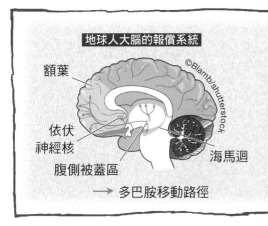

地球人大腦的報償系統

©Blamb/shutterstock

額葉

依伏
神經核

腹側被蓋區

海馬迴

→ 多巴胺移動路徑

看到長得帥的人，
在地球人的大腦中發生的事。

中腦的腹側被蓋區產生的多巴胺會抵達依伏神經核、海馬迴、杏仁核，最後到前額葉皮質，在這整個過程的同時，人們腦中也會浮現那些令人愉快的記憶。

「有帥哥！連心情都變好了呢！」

的那樣，而靠自己努力實現那樣的結果。地球人稱這樣的現象為「自我應驗預言」。

在地球人的居住地，有著共同的特性

- 地球人的居住地會大面積的分成房間、客廳、浴室還有廚房。一般來說，每個房間都會分配好特定使用者，可以在那個空間內睡覺、讀書，或是想事情。在浴室裡，可以將能源的廢渣排出並清潔身體。浴室雖然沒有分配特定使用者，但主要都是一個人單次單獨輪流使用。

- 廚房和客廳是共用的空間。地球人會在廚房裡儲備了各種的能源，還會做食物來吃。如果食物不小心掉到角落，放置一段時間後微生物會繁殖，還能見到地球新的生物。真是令人興奮！廚房是蟲子和細菌最喜歡的空間。陰涼又潮濕，還有很多東西可以吃。但地球人並不喜歡見到牠們。

- 客廳是最開放的空間。一般來說會在一邊的牆上擺電視，還會放柔軟有彈性的沙發。雖然地球人基本上會一起坐在這個地方，但各自都強烈的傾向於做自己想做的事。像是看電視機裡播放的影像，或是玩自己的手機遊戲。鄰居來訪時坐的地方也是客廳的沙發。

- 因此在客廳這個空間時，絕對不能用埃吾蕾人的樣子停留。地球人很喜歡時不時就拜訪鄰居家，然後干涉這個干涉那個，管東管西、愛管閒事。他們不太尊重其他生命體的意願。

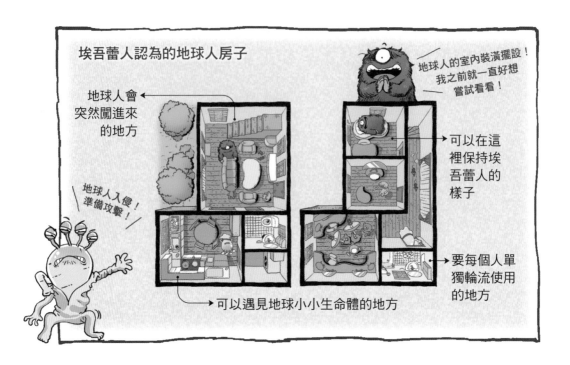

埃吾蕾人認為的地球人房子

地球人會
突然闖進來
的地方

地球人的室內裝潢擺設!
我之前就一直好想
嘗試看看!

地球人入侵!
準備攻擊!

可以在這
裡保持埃
吾蕾人的
樣子

要每個人單
獨輪流使用
的地方

可以遇見地球小小生命體的地方

我們對於時不時冒出來管閒事的地球人,變得越來越習慣

- 地球人很喜歡時不時就插手管一下別人的事。會不管三七二十一就去別人住的地方,因為地球人套裝而感到吃力時,也會突然冒出來搭話說要幫忙。這種時候千萬不要慌張,可以說像是「請稍等一下」或是「沒關係」這樣的話,來爭取更多思考的時間。地球人是非常煩人的生物!

- 地球人看起來似乎天生就喜歡干預別人的事情。身為社會性存在的地球人,很重視自己在周圍的人之間的角色定位,很需要安全感。否則就會對於自己的存在感到不安,有的地球人因為這份不安全感,甚至還會引發生存危機。為了不要讓地球人一直活在不安中,希望能適當的接受他們的愛管閒事。這對埃吾蕾人來說是最難適應的一點。

聽說前面的美髮院
在找人手,要不要
幫你們牽個線啊?

你們做什麼
工作啊?

行李還沒
搬進來呀?

5

長得帥
就會被監視

能夠得到地球人好感的外貌？

　　阿薩從一早就開始專注於任務。為了找回不見的哈
拉哈拉,他們移動人造衛星,並拍下了社區每個角落的
照片。這對埃吾蕾行星上最優秀的科學家阿薩來說,算
不上是什麼困難的事。不過人造衛星傳送回來的照片比
預想中的還要模糊不清,而且沒有看到哈拉哈拉。阿薩
感到很失望。

　　「阿薩,一起去上學吧!」

　　突然間傳來了桑妮響亮的
聲音。

「學校是小孩地球人接受教育的地方。我不需要。我沒有需要學習的東西。」

阿薩直截了當的說。

「真的嗎？你是天才嗎？真羨慕，但就算是那樣，還是必須去學校！」

「理由是？」

「這就是小孩的殘酷的命運啊。不然父母會被抓去關的，因為小學是義務教育。」

這是埃吾蕾人不知道的資訊。

歐洛拉忽然整理好了阿薩的書包。羅胡德則是幫阿薩梳好頭。阿薩那太長而亂蓬蓬的瀏海一收起來，清秀的臉蛋便露了出來。

一把抓

哦？你！

妳幹麻？

嗯——

這樣下去人類套裝都要被扒開了。快放手啊……

大力捏

大事不妙！她發現了嗎？

要不要先把她抓起來？

快逃吧！

你本來就長得這麼帥嗎？跟昨天看起來不一樣啊？

「長得帥」是什麼意思啊？

外表長得特別好看的意思。

又是在說外表。真是大驚小怪。

我還以為又要說什麼。

我不去，我不需要。

你在胡說什麼啊，阿薩。小朋友就是要去學校。

是的。必須要遵守地球人該做的義務。

沒錯，這樣就絕對不會被發現我們的真面目。

叫我去到學校是要我學習什麼？

難道要我再被抓去警察局嗎？

發抖 發抖

嗯！

天啊，高顏值？是新搬來的吧！

那小子臉蛋真清秀呢～

桑妮，你新交了一個花美男好朋友呢。

埃吾蕾人無法理解地球人那些奇怪的對話。在埃吾蕾星球上，人們並不會去對天生的樣貌長相做評論。也做不了評論。因為字典裡根本也沒有那些用來評論外表的單字。

快過來

去上學的過程中，阿薩一直無法擺脫那些盯著自己看的陌生目光。小孩地球人時不時偷瞄阿薩，並且交頭接耳說著悄悄話。

阿薩綜合了他們的目光和對話，得出了「阿薩長得帥。長得帥的地球人就會被監視」這樣的結論。

「偏偏變身成了這種臉蛋，真是一大失誤。為了不要被發現真面目，也只能暫時先扮演好地球人了。」

阿薩雖然並不想引起地球人的注目，但這對「長得帥的地球人」來說是一件不可能的事情。

體育課的時候，在體育場的正中央還因此爆發了一場爭執。

「阿薩是我們這一邊的！」

一直以來都是和桑妮同一隊的小俊，對著沒頭沒

腦、一心想選阿薩當隊友的桑妮發了火。躲避球可不是用臉來打的好嗎！

阿薩也搞不懂原因，為什麼桑妮和其他朋友根本也沒有問過自己，就無條件的相信他躲避球打得很好。不管怎麼樣……

「妳看吧，應該要先問清楚再選隊友啊！妳不是說他有擅長運動的腿嗎？」

小俊對桑妮生氣的大喊。

「我也不知道他會打得這麼差。你發什麼脾氣呀？本來就也有可能會輸。躲避球是人生的全部嗎？」

是的，躲避球並不是人生的全部。然而，對變成了地球國小學生的阿薩來說，學校生活變成了他人生的大部分。原因只有一個：必須要看起來像個地球人！

隨著時間過去，在學校一直盯著阿薩看的目光和讚歎聲也減少了。阿薩安心許多，直到他從桑妮那裡聽到令人驚訝的消息。

「阿薩，你有看到你的粉絲團嗎？我要不要也加入『阿薩迷』呀？」

在「阿薩迷」裡，充滿了監視阿薩一舉一動的照片。

「太可怕了！阿薩迷為什麼要跟蹤我？」

「因為他們喜歡你啊！」

「他們根本不是真的認識我。」

「嗯，臉蛋長得不錯的孩子本來就很受歡迎。」

又是在講臉蛋的事。阿薩真的沒辦法理解。

「到底跟我的外表有什麼關係啊？這對他們究竟有什麼好處呢？」

「哪有要什麼好處！就只是看了心情開心，然後也想跟你變親近，然後就成立了一個粉絲團……不是本來就都是這樣嗎？」

「我並沒有給予他們觀賞和評論我外表的權利。」

沙沙

喵喵

哇

啪嗒

我正在被一群叫做阿薩迷的地球小孩監視。

這是阿薩嗎？

按讚 留言 分享

茱娜和其他626人都說讚

......？？？？？

監視？

被發現真面目了嗎？

快逃跑吧！

被監視的理由是？

嗖

他們說因為我長得特別帥。

哪裡。

嗯。

既然是臉的問題，那就把臉遮起來吧！

點頭

快給我能遮住臉的東西。

小孩也能這樣沒大沒小的命令我……打工仔真是悲哀。

要找口罩的話在那邊……

GU

阿薩一伸出手要拿口罩，臉就露了出來。那一剎那，盧伊的呼吸好像停止了。阿薩就是盧伊想要的理想樣貌，那就是他夢寐以求的臉蛋。盧伊不自覺的一把抓住了阿薩的雙頰。

阿薩為了擺脫地球人強勁的握力，拚命掙扎。盧伊遺憾的深嘆了一口氣，並放開了阿薩。

「開玩笑的，放心吧，我不會竊取你的臉。不過長得這麼帥，為什麼要遮起來？那可是人類的損失啊！真羨慕你長得好看。」

阿薩搖了搖頭。到現在為止，阿薩只覺得他因為這個外貌受盡了折磨。

「長得帥到底有什麼好的？長得帥是一種災難。」

外貌至上主義

盧伊的想法是錯的。在宇宙的行星中，阿薩去過的星球就超過了十個，但會透過外表來判斷價值的地方就只有地球。

「地球人，整個宇宙並不會因為外表而做出差別待遇。只有地球會那樣。」

「真的嗎？」

盧伊小小的眼睛因為希望而閃閃發光。

果然地球人盧伊對宇宙非常的不了解。

「外星人才不會進攻地球。」

「瞧你說的。外星人是傻子嗎？像地球這麼好生活的地方，他們甘願就這樣擺著？誰知道呢，也許外星人先遣部隊早就已經來到地球了，而且說不定就在我們這個社區。」

阿薩感到晴天霹靂！該不會他們到達地球僅僅七個地球天，就已經被發現了吧？阿薩的聲音開始發抖。

「你為什麼覺得外星人已經來到了地球？」

那一刻，在便利商店角落裡吃著泡麵的鄭博士豎起了耳朵。

　　「我幾天前撿到了一個非常可疑的東西。圓滾滾的，散發著極光般的光芒。碰它的話，還會有刺刺麻麻的電流通過。因為那個玩意兒實在是太奇怪了，我就拿去警察局，但就連警察也說第一次看到這種東西。我敢肯定那一定是外星科技。我在電影裡看過類似的東西。」

　　他說的絕對就是哈拉哈拉。阿薩想必須趕快回去本部，和大家討論找回哈拉哈拉的對策。

　　「小鬼，等一下！你一個這麼小的小孩，跟大人講話態度沒大沒小的。以後要有禮貌，看到我也要叫哥哥。知道了嗎？看你長得帥，這次才先不跟你計較。」

　　阿薩來不及回答，就急急忙忙衝出便利商店。

　　「大罵外貌至上主義了半天，還說自己是外貌至上主義的受害者，最後卻說看我長得帥不跟我計較？人類真是太難懂了。」

在地球上，長得帥就會被監視

🌍 地球2019年5月12日　埃吾蕾7385年18月3日／撰寫人：阿薩

地球事件概要

* 地球人對其他人過度感興趣。尤其還會特意監視那些他們認為長得帥的地球人，並且和其他人分享監視過程中發現的資訊。

* 被判定為長得帥的地球人的我，不管走到哪裡都受著地球人的監視。作為一個必須觀察地球人的立場，竟然反過來被地球人監視，很擔心未來會因此為探查隊的任務帶來大問題。

* 便利商店的工讀生盧伊很羨慕我的臉。聽他說了才知道，在地球上，長得帥的人擁有很多優勢。

應該要繼續就留著這張臉嗎？

地球美人的標準

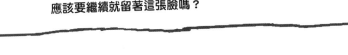

- 地球人會把外表作為判斷他人的重要訊息。尤其看臉蛋為主。如果用今天一整天下來，最受眾人注目的我的臉蛋做為基準來看的話，地球人似乎會對五官深邃鮮明、擁有光滑皮膚、臉和身體比例左右對稱的樣子產生好感。地球人稱這種好感為「魅力」。

- 雖然地球人的數學能力明顯落後於埃吾蕾，但他們針對讓人產生好感的臉蛋，運用了各種各樣的數學比例。比如說臉的寬度和高度必須要是「1:1.618」，抑或是從額頭頂端到眉間，從眉間到鼻尖，再從鼻尖到下巴為止的比例，必須是「1:1:1」等，地球人會在臉上畫非常多線，再透過計算，創造出臉蛋黃金比例。這些功能一點也不重要。

- 那些被稱為「藝人（出現在電視上表演唱歌、跳舞和演戲等）」的地球人中，有許多擁有接近黃金比例臉蛋的人，他們無時無刻都受到監視。

- 未來被派遣來的探查隊，要選擇地球人面孔的時，千萬不能遵循這個比例。探查隊和地球人可能會顛倒過來，反被監視，非常不自在。

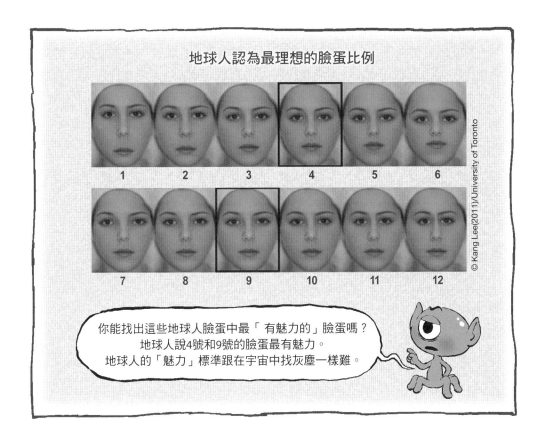

地球人認為最理想的臉蛋比例

你能找出這些地球人臉蛋中最「有魅力的」臉蛋嗎？
地球人說4號和9號的臉蛋最有魅力。
地球人的「魅力」標準跟在宇宙中找灰塵一樣難。

地球人看重外表是有理由的

- 我們推斷地球人非常的重視種族延續。由於平均的期待壽命為 83 歲，為了要能傳宗接代，懷孕、生育變成為了地球人的一生中非常重要的一件事。因此，與具有良好基因的健康伴侶配對，就成為一項重要的任務。這不僅會呈現在地球人身上，對地球上所有繁衍物種的生物們來說，這都是共同要面對的進化過程和宿命。

- 地球人認為有魅力的外貌中包含了左右對稱的要素，也許是因為這是作為間接判斷，一個個體健康上沒有存在缺陷的指標。對此未來還需要進一步觀察和分析。也因為對長得帥的外貌有好感，並認為長得帥就有能力，這似乎會成為一個用來找適合一起生育孩子的伴侶的有用信號。 這樣下去不知道我會不會也得到一個地球人小孩。 因為我長得太帥了。

地球人的眼睛並不老實

- 地球人傾向認為眼睛所見的東西就是全部。看見的東西最終不過只是他們自己大腦的解讀；因為大腦還不夠發達，所以也會有很多的錯誤。
- 地球人自己也明白這一點。在地球上也已經有各式各樣的視錯覺實驗來證明大腦的惡作劇。不過即便他們理解了這個實驗，他們似乎不會聯想到這和他們解讀眼睛所接收到的資訊之間的關係。

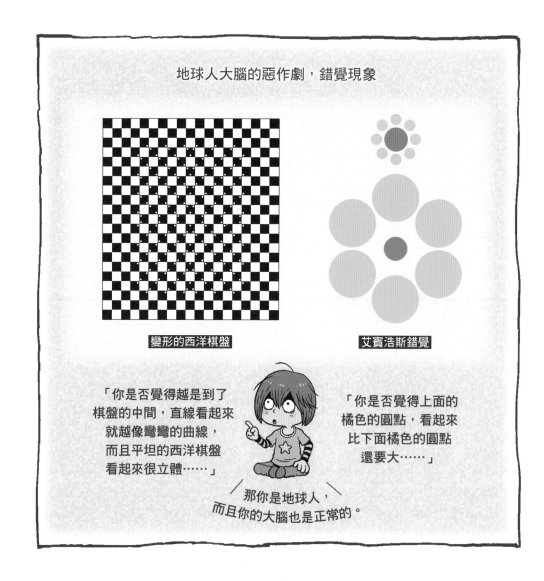

地球人大腦的惡作劇，錯覺現象

變形的西洋棋盤

艾賓浩斯錯覺

「你是否覺得越是到了棋盤的中間，直線看起來就越像彎彎的曲線，而且平坦的西洋棋盤看起來很立體……」

「你是否覺得上面的橘色的圓點，看起來比下面橘色的圓點還要大……」

那你是地球人，而且你的大腦也是正常的。

130

6

複製人
的行星

地球人會跟隨流行？

偏偏哈拉哈拉現在的所在位置是警察局。也就是來到地球的第一天，讓羅胡德吃足了苦頭的那個地方。

我們必須去找哈拉哈拉。

我不去。我絕對不要去警察局。

我們如果一整群一起去的話，會太顯眼吧？

我的臉實在太引人注目了，所以我不行去。

我們不能引起別人注意。

就算引起別人注意了，也要想辦法不受到懷疑才行。

那有什麼可行的辦法嗎？

有，變身成狗就行了。

因為不是變身成地球人的樣子，所以也不用擔心會被發現和地球人不同的地方。因為只有芭芭有能變身成狗的套裝，所以這次就決定由芭芭出面了。

　　阿薩告訴了芭芭有關狗的資訊。

　　「狗心情好的時候會搖尾巴，害怕的時候會把尾巴夾進兩條腿中間。如果人類撫摸牠，牠還會四腳朝天的躺下。狗不會說人話。要小心千萬不要說話。」

　　「汪！汪！汪！」

　　芭芭像真的狗一樣叫著，一邊走出了家門。羅胡德跟著走了出來，並對他揮揮手。

　　「小心，我去過了一次警察局所以我知道，那是個非常讓人緊張的地方。」

抵達警察局的芭芭打開了埃吾蕾人通訊設備。這是為了要感應哈拉哈拉的電波，但是不知道地球人對哈拉哈拉做了什麼好事，竟然連一點電波信號都感應不到。

「到底會在哪裡呢？」

芭芭四處東張西望。警察局裡面沒有任何一隻狗，看起來狗不會犯罪。

「你有看到那個彷彿是從外星來的，像球一樣的東西嗎？」

終於，芭芭的耳朵聽見和哈拉哈拉有關的消息了。

那個光線據說是地球上不存在的放射線。不是說那些外星人專家，就是追蹤那個光線找到這裡來的？

外星人放射線？我們不會有事吧？會不會得到外星人病？

拜託，我才不信呢！世界上哪有什麼外星人！

嚇

有外星人啊，就在這裡。

哼哼

緊急！緊急！暴露啦！

哦？哪裡來的狗？怎麼跑進來的？

聯絡一下動物保護所。我先把牠抓起來關著，這樣才不會出什麼問題。

驚

要把我關起來？

還真是寧靜的一天啊！

欸？拔腿就跑

好幾個小時過去了，芭芭還是沒有回來。羅胡德坐立不安，在房子裡走來走去。

　　「警察局果然太危險了，連去找哈拉哈拉的芭芭都被抓了。」

　　「那羅胡德你去救芭芭回來吧！」

　　阿薩開口說話了，連警察局附近都不想靠近的羅胡德暴跳起來。

　　「為什麼是我去？」

　　「我是小孩。根據地球的資訊上，像這樣的事情都是大人在處理。歐洛拉去工作了，現在這間房子裡剩下的大人只有羅胡德，也就是你。」

　　不得已，羅胡德只好出了門。剛好住在隔壁的桑妮也正從家裡走了出來。

　　「叔叔，您有看到我的姊姊嗎？」

　　「妳有看到我的狗嗎？」

　　「哇！叔叔家有養狗？貴賓狗？珍島犬？不對，是博美犬吧？最近養博美最流行。我朋友說他不久前也開始養了一隻漂亮的博美犬。」

　　桑妮和從前一樣，淘淘不絕的說著。

羅胡德為了不要出任何差錯，做好了心理準備。像地球人一樣，地球人式的，自然的轉移話題……

「流行是什麼東西？」

「連流行都不知道嗎？」

桑妮眼睛睜得圓圓大大的，反問了羅胡德。該不會又來了，羅胡德還是又問了像外星人一樣的問題嗎？

嗯，不過叔叔看起來的確是不懂流行的樣子。

……

桑妮上下打量了一下羅胡德後點了點頭。

「這不是重點。您剛剛說狗跑出去了嗎？這樣不太妙，狗兒要是沒有繫狗鍊就自己亂跑的話，很有可能會被抓走。」

「妳說被抓走？」

為了掩藏好真面目，變身成了一個安全的模樣，結果反而更加陷入危險！果然在地球上生活，還真不是一般的辛苦。羅胡德趕緊朝著警察局的方向走去。

「要快點找到才行。」

「一起去吧，我也要去找我姊姊，一路上先幫您一起找狗吧！」

都一模
一樣。

好像是有一點，
這可是最近國中生
的流行呢，連那個
紅色後背包都是。

不過那個後背包
是我的。我就是
因為她趁我不注意時
偷背出來，所以
跑來抓她的。

姊姊，把我的
背包還來。

！

桑妮，
妳不是要幫忙我
找芭芭！

我叫妳把
背包還回來！

汪！

汪！

「芭芭，你跑去哪裡了？怎麼這麼晚才回來？」

羅胡德將突然冒出來的芭芭一把抱了起來。

「太急著從警察局裡跑出來，結果就迷路了。湊巧看見了宥妮，我就跟了過來。」

羅胡德一路抱著差點就成為外星走失兒童的芭芭走回家。因為沒有繫狗繩的狗會被抓走，所以也只能這樣。

「芭芭，你幾乎都成為地球人了。」

「什麼意思？」

「因為你在一群一模一樣的孩子中找出了宥妮。」

「我怎麼可能是用眼睛認出來的？還是一群長得很像的地球小孩，連穿的衣服幾乎都一樣…… 我是聞味道認出來的。」

歐洛拉從美髮院下班之後，埃吾蕾人一起聚在二樓的本部。芭芭說出了他在警察局裡聽到的實際狀況。

　　「哈拉哈拉不在警察局裡。他們說從什麼實驗室來了幾個外星人專家把它拿走了。不知道他們究竟是什麼人，也無法得知東西到底被帶到哪裡去了。」

　　埃吾蕾探查隊的希望落空了。如果哈拉哈拉永遠找不回來，那麼不用說探查地球了，連埃吾蕾探查隊的生存都將面臨危險。

　　「如果不想被發現真面目，接下來要更像地球人。」

　　「那我們必須跟流行才行。」

　　羅胡德開口說。對於這個第一次聽到的資訊，每個人的眼睛都睜得圓圓的。

「所謂的流行，指的是在某一段時間，許多人都追隨並且被大範圍傳開的特定行為模式、思想或是物件等的一種社會同步現象，地球人很喜歡跟隨流行。」

阿薩迅速的找出了關於流行的資訊。

「用一句話來說，就是地球的國中生會都穿一樣的衣服，背一樣的包包，剪一樣的髮型。」

埃吾蕾人中，對流行懂得最多的羅胡德補充說明。芭芭想起了剛剛看見的宥妮。

「難道地球人是夢想成為複製人嗎？」

羅胡德點了點頭後馬上又搖搖頭。地球人看似一樣，但其實都不一樣，看似不一樣，又都很類似。埃吾蕾人如果沒辦法弄懂這裡面的玄妙，就隨時都有可能會被外星人追蹤隊發現真面目。

千萬不要突顯自己，要跟著「流行」

地球2019年5月17日　埃吾蕾7385年18月28日／撰寫人：羅胡德

地球事件概要

* 本來以為現在好不容易對於區別地球人的臉比較上手了，今天卻又再一次面臨到危機。聽說隔壁鄰居家的國中生宥妮，今天出門時穿了牛仔褲搭配有連帶帽子的白色T恤，還背了一個紅色背包。結果在同一個地方，竟然聚集了約十五、六個有著一模一樣穿著打扮的國中生。
* 地球人說這叫做「流行」。長得都差不多的地球人，為什麼會連衣服都要穿得一模一樣呢？真是不理解，他們明明想和別人做出區別，為什麼卻又跟隨他人穿相似的衣服。地球人還真是讓人捉摸不定。

流行對地球人們來說很重要

- 地球人好像非常重視「流行」。今天宥妮的穿著正好完美展現了十幾歲的地球青少年之間的流行。荒謬的是，聽說地球人就連選擇和他們一起生活的狗的種類，也要跟隨流行。地球上可是有 200 多種狗！

- 不知道這是不是和埃吾蕾人五千年前曾經經歷過的同步現象類似。這是一種藉由模仿他人的品味，而讓自己感受到安心感的現象。

- 因為自己和周圍的人做了一樣的選擇，所以會相信自己的選擇是正確的，並且推測人會在這個過程中獲得安全感。就是因為這樣，所以他們也很容易跟隨別人的選擇。

- 地球人會在很多人聚集的餐廳前排一個小時的隊，只為了吃頓飯，還會為了買到其他地球人都穿的鞋子，願意支付更多的錢。要在地球上跟流行的話，會需要很多錢。相反的，如果都沒有什麼人要買，價錢就會下降，因此如果不是流行的商品，預計會很便宜。

- 然而，這個預測又錯了。在地球上，沒有需求的產品價錢甚至還更貴。

在地球上最常見的通訊機器是手機。當新產品推出時，會有數百名的地球人們為了買到新產品，在商店前面排隊排個好幾天。

© JHVEPhoto/gettyimages

因為不是量產，販售量也不多，所以這些限量的稀有產品會被定上高昂的價格。有些人甚至是故意尋找這些產品，似乎是為了展現出自己和別人不一樣。而且像這樣的嘗試，有時也會再次引起流行。

- 地球的流行可以有兩種解釋，一種是藉由跟著做人們都在做的事情來獲得安全感的渴望，以及另一種是為了找到我們與他人不同的獨特之處，從那些嘗試當中引起的現象。到底該跟隨流行，還是要選擇非流行的事物，地球生活的煩惱還真是矛盾。有點令人洩氣。

跟這種流行才是真正的潮流人！

不論是模仿別人，還是想要與眾不同，追尋獨特的事物，都能成為「流行」。

我要來設計出一個地球人絕對不會戴的帽子。

青少年之間的流行這麼強烈的原因

- 地球人的大腦一直到二十歲以前都還在持續發育成長，最後期發育的區域，就是大腦的最前端區塊「前額葉皮質」。前額葉皮質負責決策和規畫的功能，不過由於十幾歲的青少年，這一個部位尚未發育完全。因此，即便體型已經長成成年人的狀態，但在情感上還未成熟，不論在計畫或是在選擇方法上，都很難做出合理決策。況且這時期也是受到同儕群體影響較大的時期。

- 今天在地球人的論文資料庫中發現了一個有趣的實驗。那是一項以 12 ～ 17 歲的青少年作為對象，針對喜歡的音樂和購買的音樂之間差異的研究。在十幾歲的青少年群體中，有他們之間流行的音樂，而這個實驗的參與者表示，他們購買音樂時，最終選擇的是同儕群體之間喜歡的音樂，而不是他們自己喜歡的音樂。明明聽自己喜歡的音樂時，會促進大腦報償中樞的活化，但當這與同輩人之間的流行不同時，據說負責下決定的前額葉和掌管不安情緒的杏仁核，也會一起被活化。當人們意識到自己的喜好與其他人不一樣時，似乎就會焦慮不安。於是他們最後還是跟從了同儕群體的選擇，來消除自己的不安。

- 十幾歲青少年會創造並追逐不同於大人，而是只屬於他們自己的流行。當他們處在那個流行之中，甚至會聽不進長輩的嘮叨。對他們來說，和同儕群體同化的那份歸屬感更加重要。

好好聽，好喜歡！

報償中樞活化

但我朋友他們都不聽這種音樂……

前額葉皮質（下決定）和杏仁核（不安情緒區域）活化

7

鄰居也是外星人

地球人會為了外貌，甘願承受極大的痛苦？

姊姊，妳真的不要吃炸雞嗎？

不要再問了，就說了我要節食！

這孩子以前一看到炸雞，瞬間就能啃完一整隻雞，現在幹嘛突然這樣？

宥妮不吃的話，應該會剩下很多。

不然拿一隻去給隔壁鄰居吃吧！

點頭

叮咚！

突如其來的電鈴聲把埃吾蕾人嚇了一大跳。

「是誰啊！」

羅胡德急忙把變身套裝罩在身上，一邊大喊。

「我是桑妮。」

又是隔壁家小孩。

是只要一逮到機會，就想來打探埃吾蕾探查隊本部

的地球人。歐洛拉迅速穿好變身套裝，微微打開了門。

「這個炸雞請你們吃。這是我媽媽買回來的。」

從桑妮遞出來的箱子裡，忽然襲來一陣死掉動物的氣味。歐洛拉不自覺把頭撇向一邊。

「不用了。不需要。」

在埃吾蕾星球上，早就從幾千年前開始不吃死去的動物了。身體所需的營養素，埃吾蕾人會透過合成並製作出來，也不是什麼多困難的事情。

「請不用客氣。因為我姊姊不吃，所以有剩下來。我姊姊只能用聞的，她超痛苦的。」

「連宥妮都不吃的炸雞，我們也不要吃。」

「唉呀，我姊姊是因為正在節食，所以才想吃又不能吃。」

桑妮堅韌不拔抱著那散發出噁心氣味的地球食物，並偷瞄了房子裡面。

「狗狗在嗎？我可以跟牠玩一下嗎？」

「狗？啊，牠在……家啊。房子裡有狗。」

歐洛拉為了讓芭芭聽見，大聲喊著。

咻　拚命

使出吃奶的力

那為什麼還要節食？

還會為了什麼？當然是為了變漂亮。姊姊她……

先把我放下來再接著講吧！

拚命

掙扎

會為了減肥餓肚子，

咕嚕嚕

我不會吃的。

還會戴可以讓臉變小的器具。

咳

雙眼皮膠帶是基本的，也會戴讓鼻子挺起來的器具。

流淚

小腿會用壓力繃帶勒緊。

呼，腿好麻。

腫腫

想要變漂亮，非得忍受那麼多的痛苦才行嗎？

聳肩

　　埃吾蕾人早就非常清楚的知道，地球人超級重視外貌！但是他們沒想到年紀小小的宥妮為了外貌，竟然要承受那樣的痛苦。

　　「地球人把自己當作敵人嗎？」

　　「眼皮上那條細細的皺紋為什麼那麼重要？」

　　「骨頭上包覆著肉是理所當然的事。為什麼肉多的話就不行呢？」

　　因為在埃吾蕾人眼裡，地球人看起來都差不多，所以他們更不能理解了。甘願承受痛苦，是為了和大家看起來差不多，還是因為討厭和別人看起來差不多，就算很痛苦，也要讓自己變得不一樣。以他們現在的模樣，沒有辦法弄懂這些困惑。

桑妮把炸雞放在餐桌上後就回去自己的家了。所以現在對埃吾蕾人來說，比起弄懂地球人，多了一件更需要緊急處理的事。那就是擺在他們眼前，緩緩飄著難聞臭味的死雞！

　　「這真的是地球人愛吃的食物嗎？」

　　「不會是因為我們做錯了什麼事，所以拿這個來報復我們吧？」

　　歐洛拉和羅胡德還沒有放低警戒，蒐集完炸雞相關資料的阿薩搖了搖頭。

　　「這不是為了攻擊我們而拿來的食物，而是用來歡迎我們的食物。地球人到現在都還是喜歡吃死去的動物的肉。他們覺得那是既美味又貴重的好食物。」

羅胡德你先吃看看吧！

為什麼是我？

你不是外星文明探險家嗎？

抖抖抖

緊張

焦躁

呃呃

嗯,味道還行呀?

不要說謊

吞吞

別想讓我們一起分擔痛苦。

你覺得我們會上當嗎?

會讓人上癮的味道。

地球人還會拿含有酒精的啤酒或充滿糖分的可樂,搭配一起吃。

啤酒或可樂?

為了探究外星文明,我也要試看看才行!

對外星文明探險家來說，深夜的便利商店是個迷人的地方。在這其他店家都打烊的時間，就只有便利商店，飽含著地球多種多樣的物品，並寂靜的閃爍著光芒。好似也在對著外星人呼喊歡迎光臨。

羅胡德向著光芒飛奔了進去。

「這裡，有啤酒或可樂嗎？」

「當然有，沒有賣啤酒和可樂還叫便利商店嗎？」

盧伊用手指指向了裝著滿滿飲料的冰箱。

正要朝著盧伊手指指的方向，前往去尋找可樂的羅胡德忽然間停住了。在他眼前出現了一個非常奇怪的畫面。宥妮，因為節食而痛苦挨餓的宥妮，這不是正在大口吃著炸雞和其他食物嗎！

　　「宥妮……？我聽說她在節食。」

　　「噓！就裝作不知道吧！現在去招惹她的話也不太好。」

　　盧伊悄悄的對羅胡德說。

「那個人又在說什麼？他一看就是外星人。」

盧伊喃喃自語。但對羅胡德來說，不論怎麼看都像是地球人的那個地球人，到底哪個部位像外星人？

「那個人哪裡像外星人呢？」

「我光是看就知道了。外表看似正常，但他的靈魂感覺就是從外太空仙女座星系來的。他不但口氣很奇怪，而且只有晚上才會突然出現，每天都望著天空自言自語，就像是在跟外星人通信聯繫。」

「對，很像外星人。他會是從哪個行星來的呢？」

羅胡德一邊附和盧伊的話，一邊暗自下定了決心，行為舉止絕對不能像那個地球人一樣。

「哪個行星？外星人？你在說誰？」

先前進到便利商店的一個黑衣地球人笑著說。

盧伊用下巴示意指了鄭博士。

「那邊那個大叔，您聽看看他說的話。」

正當黑衣地球人注視著那個被懷疑是外星人的男人時，真正的外星人羅胡德，嚇得蜷縮著身體。黑衣男子極有可能是……外星人追蹤者！

登場

「節食在腦科學上是不可能的事。只要知道下視丘的攝食中樞和飽食中樞的相互關係……多巴胺和攝食中樞……血清素和飽食中樞……由於色胺酸汲取不足，導致暴飲暴食……」

「您不覺得他很奇怪嗎？」

盧伊不解的搖了搖頭。

「對了。那個男人是來自色胺酸行星嗎？」

呼嚕嚕

羅胡德想要把外星人嫌疑轉移到那個男人身上。

但黑衣地球人卻搖搖頭。

「他的確看起來像個怪人，但應該不是外星人。真正的外星人是會偷偷躲起來，並且盡量不去引起我們注意。也就是說他們會完美變身成一般普通的地球人，就好比像這個大叔一樣。」

黑衣地球人注視著羅胡德說。

那一刻，羅胡德嚇得僵在原地動彈不得。他像一根柱子般的站在那裡，一邊祈禱著這一瞬間趕快過去。

深夜的便利商店對外星人來說，是一個極度驚險刺激的地方。

對地球人來說，
外星人是怎樣的存在

🌏 地球2019年5月25日　🧠 埃吾蕾7385年18月68日／撰寫人：芭芭

**地球
事件
概要**

* 地球人非常喜歡聊有關食物的話題。隔壁鄰居家的宥妮為了要節食減肥和變美，幾乎都不吃食物，但還是一直講有關食物的事情。
* 便利商店是一個非常重要的地方。那是一個可以同時實現購買和討論食物的地方。今天羅胡德就在這裡透過鄭博士和宥妮的討論，得到了關於地球人對外星人看法的資訊。

地球人對吃東西和節食都很有興趣

- 地球人聲稱一天吃三頓飯，但在我看來他們整天都在吃。他們沒有在吃東西時，會透過電視或是網路節目看別人做料理或是看別人吃。令人驚訝的是，地球人明明像這樣到處找食物，卻又希望自己不要變胖。

- 地球人總是說自己該減肥了或是正在節食，但他們仍一直在吃。他們對於身材管理有很強烈的想法，但實踐能力卻非常的弱。因為體重過增（他們稱之為肥胖）會成為高脂血症、糖尿病和高血壓等各種疾病的因素。

- 然而，大多數的地球人都將節食理解成是為了保持苗條和纖瘦的身材，節食是要「變美」。地球人真的很重視外表。這裡不再只是針對帶給人好感的臉蛋，還包含了苗條的身材。（只要是地球人，都會勸羅胡德減肥。）

  - 有相當多的女性地球人覺得自己的身材很胖。即使是非常瘦的人也認為自己很胖。我想是因為她們沒有見過羅胡德的實際模樣。

一點都沒有瘦下來。太胖了！

吃東西的樣子和食物的照片會讓大腦上癮

地球人實際上是非常喜歡吃東西的。不只是自己吃東西的時候開心,連看別人吃東西都會很享受。最近在地球上很流行「吃播」。看吃播也會讓地球人的大腦上癮。盯著看別人吃東西的地球人,看起來好可憐。

❶看到好吃的食物,胃和胰臟會產生飢餓素。

❷飢餓素會刺激食慾。

❸好想吃!

這個過程一直重複的話,就會造成上癮。

看了吃播,就忍不住想來便利商店。

地球人腦中的外星人

- 在地球人之間,有些人會被稱為外星人。一開始以為他們在說我們,差點嚇死。然而他們口中所講的「外星人」,並不單純是指「來自外星星球的生物」。而是一種表達方式,指的是「跟我們過於不同、奇怪的人事物」。

- 地球人認為和「自己」不一樣的「他們」是很難理解的生物,而且還會認為是不同的生物;如果遇到了很難搞懂他人的情況,就會直接斷定是因為對方是「外星人」。

- 便利商店的鄭博士和我們遇過的地球人並沒有什麼太大的差別。他的特點只是比起一般的地球人,說起話來更有邏輯性,但也沒有高於地球人水準之上。但也就是因為鄭博士不像一般地球人那樣說話,便利商店的盧伊才會懷疑鄭博士有可能是外星人。

- 雖然要成為一個完美的地球人很困難,但如果不要被發現,似乎就不是什麼太難的事。地球人除了愚蠢以外,還很奇怪。

和他人不一樣的你是誰?

外星人?

這本書的製作團隊

鄭在勝
企畫

在 KAIST（韓國科學技術院）獲得了物理學學士、碩士和博士學位。經歷包含耶魯大學醫學院精神病學系博士後研究員、高麗大學物理系研究教授以及哥倫比亞大學醫學院精神病學系助理教授，現為 KAIST 生物與腦工程學系教授。除了一邊探索著我們的大腦究竟是如何做出選擇的，同時也在研究能否藉由應用這一點，使人們可以透過想法來操作機器人，或創造出能像人類一樣判斷思考並做出選擇的人工智能。著作有《鄭在勝的科學演奏會》(2001) 和《12 個腳印》(2018) 等。

鄭在恩
文字

在這個企畫項目進行的期間，一下子是阿薩，一下子又變成羅胡德，有時候又變成歐洛拉或芭芭，像這樣不斷反覆的轉換並投入角色來完成這一整本圖書的故事。因為自己也不曾去過埃吾蕾行星，也沒有打開地球人的大腦來看過，為了創作編寫這些故事，必須非常認真的做許多研究和學習。著作有《胖粉基因偵查隊》、《孟德爾叔叔家的豌豆園》、《神祕數學幽靈》系列叢書等多部兒童讀物。 是一個腦中的寬廣宇宙無窮無盡，充滿創意的說故事的人。

金現民
繪圖

早早就擴展市場到歐洲的韓國漫畫家。在大學主修了工業設計後，因為小時候的夢想，而成為了一名漫畫家。透過參展法國昂古萊姆圖書展的契機，現在在法國出版社創作冒險漫畫《Archibald 阿奇博爾德》。喜歡能夠發揮想像力，像是非人類的怪物或是新奇的新角色等的圖書。雖然身體無法脫離地球，但他的大腦就是一個漫遊者，夢想成為外太空旅人。

李高恩
文字

認知心理學家，將地球人的心理狀態以科學的方式說明並呈現，除了是她的興趣，還是她的專長。在釜山大學獲得了心理學學士學位和認知心理學碩博士學位後，便持續從事教學和研究工作。在科學網絡雜誌《Science On》上通過連載「探索心理實驗」作為開始，至今不斷透過各種媒體介紹心理學，同時出版了《內心實驗室》（2019），是一位講述科學故事的閃亮新星。

瞧一瞧製造廠
第2冊搶先看

你好奇這本書是怎麼製作出來的嗎？
《人類探索研究小隊》製造廠大公開！
找看看我們在哪裡。

第2冊搶先看

認識地球人越深，越覺得他們難懂，尤其千萬不要相信地球人的記憶！

　　成功混進地球人之中的埃吾蕾人。為了看起來像地球人，他們穿地球人形套裝；為了看起來像地球人，他們組成了一個家庭；為了看起來像地球人，他們去上學也去上班。他們（自認為）無論是外表還是行為舉止，都是完美的地球人。

　　然而他們一直避不開周圍人們的外星人爭論。

　　「雖然不知道是誰，但我們的社區裡好像住著外星人。」

　　「可惡，完蛋了！」

　　該不會被發現他們就是外星人了吧？話說回來，為什麼總是能看到身穿黑西裝的外星人追蹤隊出現在周圍呢？這樣下去他們的地球人探索計畫，可能無法順利執行。最後，為了能夠無拘無束的行動，小隊決定展開「完美外星人計畫」。現在對於要像地球人一樣生活的這件事，產生了一定的自信的埃吾蕾人，制定出一個更全面的計畫「完美外星人計畫」。

　　但正當計畫執行得非常順利，認為一切就要成功了的那一瞬間，小隊的真面目被發現了……

　　在那危機的一刻，埃吾蕾人的另一個計畫就是「捏造地球人的記憶！」

　　看似不會有什麼事的地球生活，事實上事件每時每刻都不間斷的出現。而且在地球上的生活，給謹慎、細膩又理性的埃吾蕾人的大腦帶來非常大的衝擊震撼。

　　「可惡，我們之前弄丟了哈拉哈拉！竟然忘記這件事了。難道我們真的都成了地球人了嗎？」

　　埃吾蕾人，清醒振作起來！這樣下去就要被發現真面目了，到時候連和埃吾蕾行星的通訊也會被切斷的。因為大腦的惡作劇而糾纏得亂七八糟的地球人的記憶，暈頭轉向卻也只能順應跟從的埃吾蕾人，埃吾蕾人觀察地球人們的「記憶篇」，將在第二冊的故事內容中繼續！

★警告！外星人入侵地球！★
想要征服地球、理解地球人的話，
首先必須瞭解他們的大腦！

https://bit.ly/37oKZEa

立即掃描 QR Code 或輸入上方網址，

連結采實文化線上讀者回函，

歡迎跟我們分享本書的任何心得與建議。

未來會不定期寄送書訊、活動消息，

並有機會免費參加抽獎活動。采實文化感謝您的支持 ☺

童心園 273

【小學生的腦科學漫畫】

人類探索研究小隊01：為什麼我們那麼在意外表？
정재승의 인간탐구보고서 1 인간은 외모에 집착한다

企　　畫	鄭在勝（정재승）
作　　者	鄭在恩（정재은）、李高恩（이고은）
繪　　者	金現民（김현민）
譯　　者	林盈楹
責任編輯	鄒人郁
封面設計	黃淑雅
內頁排版	連紫吟・曹任華

出版發行	采實文化事業股份有限公司
童書行銷	張惠屏・侯宜廷
業務發行	張世明・林踏欣・林坤蓉・王貞玉
國際版權	鄒欣穎・施維真
印務採購	曾玉霞
會計行政	李韶婉・許俽瑀
法律顧問	第一國際法律事務所　余淑杏律師
電子信箱	acme@acmebook.com.tw
采實官網	http://www.acmestore.com.tw
采實文化粉絲團	http://www.facebook.com/acmebook
采實童書FB	https://www.facebook.com/acmestory/

Ｉ Ｓ Ｂ Ｎ	978-986-507-982-6
定　　價	350 元
初版一刷	2022 年 10 月
劃撥帳號	50148859
劃撥戶名	采實文化事業股份有限公司
	104台北市中山區南京東路二段95號9樓
	電話：(02)2511-9798　傳真：(02)2571-3298

國家圖書館出版品預行編目資料

```
(小學生的腦科學漫畫)人類探索研究小隊 . 1,為什麼我們
那麼在意外表？/ 鄭在恩, 李高恩作;金現民繪;林盈楹譯.
-- 初版 . -- 臺北市 : 采實文化事業股份有限公司 , 2022.10
　面；　公分 . -- ( 童心園 ; 273)
譯自 : 정재승의 인간 탐구 보고서 . 1
ISBN 978-986-507-982-6( 平裝 )
1.CST: 科學 2.CST: 漫畫

308.9                          111012743
```

采實出版集團
ACME PUBLISHING GROUP

版權所有，未經同意不得
重製、轉載、翻印